身体尺子

量量长度

贺 洁 薛 晨◎著 哐当哐当工作室◎绘

数学的萌芽

北京科学技术出版社

	长	宽
床	7步	3步
浴缸	小于6步	小于2步
沙发	大于6步	小于2步
卧室	18步	12步

捣蛋鼠很喜欢学数学，他学数学时特别认真。最近，捣蛋鼠迷上了测量长度。他在家里走来走去，用脚步测量家中物品和房间的长度。

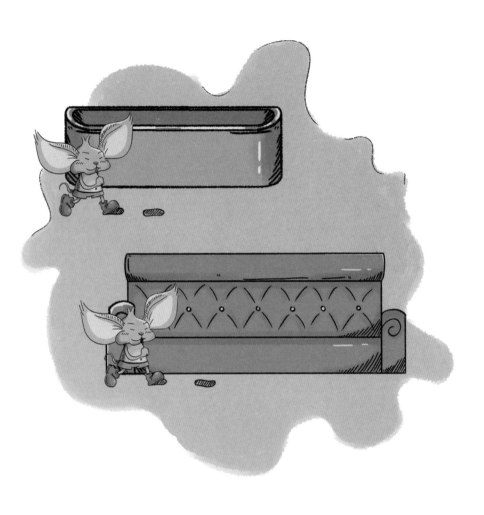

　　捣蛋鼠发现沙发和浴缸的长度很接近。浴缸的长度比 6 步短一点儿，沙发的长度比 6 步长一点儿。怎样才能测量得更准确呢？

张开的大拇指和中指间的距离叫作1拃。

　　捣蛋鼠跑去问爸爸。爸爸张开大手，笑着说："可以换一种'单位'啊！你试着用手量一量。"

　　捣蛋鼠重新用手量了量：浴缸长 19 拃，沙发长 21 拃。物品较长时，用"步"来测量；物品稍短时，可以用"拃"来测量。选择合适的测量单位，测量出的长度更准确。

1拳

1脚

1头

tuǒ
庹

1庹

"身体尺子"

　　"除了步和拃，我们还常用拳、脚、头和庹^{tuǒ}*等来测量长度。看，爸爸把两臂向左右平伸，两手之间的距离就是1庹。"爸爸还告诉捣蛋鼠。

* 庹是指成人两臂左右平伸时两手之间的距离。——作者注

古树

该古树已存活上千年，树干极粗，一般6位成年人才能将其抱围起来。

　　说到一度，捣蛋鼠想起了上次秋游的事。鼠宝贝们想感受一下古树有多粗，但他们6个鼠宝贝手拉手也没能完全把古树抱住。

　　原来古树名牌上写着"……6位成年人才能将其抱围起来"。

　　想准确量出物品的长度可真不容易！捣蛋鼠跑到院子里，打算再测量一下自己家到路对面松鼠阿姨家的距离。

　　捣蛋鼠从自己家门口出发，走了 40 步到达松鼠阿姨家
门口。"40 步？"松鼠阿姨听了捣蛋鼠说的步数后一时没
反应过来。

松鼠阿姨的1步　　⬇　　捣蛋鼠的1步

　　松鼠阿姨记得自己每次从家门口走到捣蛋鼠家门口只需要25步。

　　哦，原来松鼠阿姨的一步有那么长，捣蛋鼠的一步却那么短！

捣蛋鼠将自己的一拃和松鼠阿姨的一拃比了比，也不一样长！大家的一步、一拃和一庹都不一样长，量出来的长度也不一样！

　　怎样才能准确测量出物品的长度呢？这下，捣蛋鼠有点儿困惑了。

　　"别着急，捣蛋鼠，这把直尺送给你。"捣蛋鼠的爸爸总能变出宝贝来。

"找到一个标准很重要。直尺上从刻度 0 到刻度 1 之间的长度是 1 厘米，也可以写作 1 cm。这是大家公认的一个的长度单位。"爸爸说。

　　"而测量较长的物体时，我们常常用米来做长度单位，1米也可以写作 1 m。这是卷尺，上面有 1 米的刻度。"爸爸又变出了一个宝贝。

"卷尺上有好多个 1 厘米！"捣蛋鼠惊喜地发现。

"你知道上面有多少个 1 厘米吗？你能算出 1 米等于多少厘米吗？"爸爸问。

测量长度时，将尺子上的 0
刻度对准物体的一端，看
另一端对应的数字就知道
这个物体的长度了。
注意单位！

"1 米等于 100 厘米！"捣蛋鼠很快算了出来。

卷尺太好玩了！捣蛋鼠好奇地用卷尺量量手臂、量量
尾巴……

　　这天吃晚饭前，爸爸又给捣蛋鼠出题了："捣蛋鼠，你听过周长吗？封闭图形一周的长度就是它的周长。现在告诉你桌面相邻的两条边的长度，你能算出它的周长吗？"

　　"桌面是一个长方形，有4条边，那么长方形的周长怎么算呢？"捣蛋鼠绕着桌子走了一圈又一圈。"把4条边的长度相加就是长方形的周长。那么——"

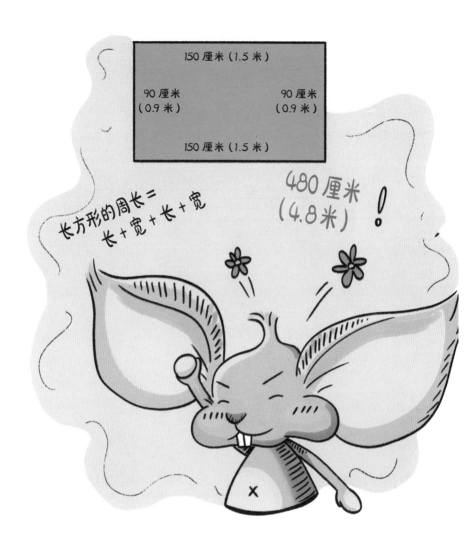

150 厘米（1.5 米）

90 厘米
（0.9 米）

90 厘米
（0.9 米）

150 厘米（1.5 米）

长方形的周长＝
长＋宽＋长＋宽

480 厘米
（4.8 米）！

"——长方形的两条相对的边长度相等。只要知道一条长边和一条短边的长度，就能算出它的周长！"最终捣蛋鼠算出桌面的周长是 4.8 米。

　　"我要去量量篱笆的周长！"吃完晚饭，捣蛋鼠又有了新想法。

　　"篱笆可没'周长'哦！你想想周长的定义，咱家的篱笆可是有个缺口的。你要不要量量这片银杏叶的周长？"爸爸说。

　　银杏叶的形状很不规则，像这样不规则的形状怎么量周长呢？"捣蛋鼠，你能帮妈妈把这条绳子送到对面松鼠阿姨家吗？"妈妈在喊捣蛋鼠。

　　"绳子？"捣蛋鼠灵机一动，想到了测量银杏叶的周长的办法。

　　他在房间里找到一根鞋带。

19厘米

　　他先将鞋带沿着银杏叶边缘绕一周，在起点和终点做好标记。然后，他用尺子测量了绳子上标记出的线段的长度。这条线段的长度就是银杏叶的周长。

　　这片银杏叶的周长是 19 厘米。

量一量

量量身体各部位的长度

我

我的手臂有＿＿拃长；

用尺子量的话，是＿＿厘米。

妈妈

妈妈的腿有＿＿＿拃长；

站在离妈妈5步远的地方，目测一下妈妈的上半身有她＿＿个头长。

爸爸

爸爸身高＿＿拃；

用卷尺量的话，爸爸的腰围是＿＿厘米。

目测长度

找一找以下物品，仔细观察并目测它们的长度！

书　桌子　床　六楼　马路

例如

我的铅笔有1拃长，大约10厘米。